AF331749

LETTRE

DE MADAME DE***

A MADAME

LA MARQUISE DE**

Sur la formation des Eſtres & la Combinaiſon
infinie des Principes.

A LA HAYE

M. DCC. XLVIII.

[illegible]

[illegible]

[illegible]

[illegible]

[illegible]

[illegible]

LETTRE

DE MADAME DE ***

A MADAME LA MARQUISE DE***

Sur la formation des Eſtres & la combinaiſon infinie
des Principes.

E viens de voir, Madame, dans l'Hiſtoire générale des
Voyages de l'Abbé Prevôt * un jeu de la nature qui mé-
rite l'attention des Phyſiciens. Voici le précis de ce
qu'il rapporte.

Dans l'Iſle de Sombrero il ſe trouve une plante ſenſitive , ſi on
la laiſſe croître , elle forme un arbre ; ſi on l'arrache jeune ; elle
acquiert la dureté d'une pierre ſemblable au Corail blanc ; ſi lorſqu'elle
ſort de terre on la touche , elle s'y enfonce , & l'on ne peut l'en tirer
qu'avec effort ; enfin ſa racine eſt un ver qui diminue à meſure que
la tige croît.

La cauſe de cette triple conformation ne peut être éclaircie
que par le ſecours d'Hermès, ainſi, Madame; je l'invoque &

---

* Page 192. tom. 3.

A

le prie de m'infpirer pour que je puiſſe vous expliquer ce phé-
noméne.

Tous les mixtes procédent de cinq principes, trois actifs &
deux paſſifs fufceptibles de prendre toutes fortes de formes felon le lieu, où ils font dépoſés, & où le développement s'en fait
par l'efprit univerfel qui anime tous les Etres.

Lorſque le Créateur a débrouillé le cahos, & qu'il a entre-
pris l'ouvrage des fix jours, il a caractériſé ces principes & aſſigné
à chaque forme la vertu perpetuelle de régénération.

Or la matiere ne peut par elle-même opérer, ni fe mouvoir ;
il fuit que dans l'ordre de la création, elle a reçu la faculté d'ê-
tre mue par l'efprit univerfel ce feu, cette ame du monde qui
nageoit fur les eaux.

L'on ne peut nier que le premier de chaque efpece a été tracé
par l'Eternel qui a auſſi difpoſé les organes de chaque individu
pour fa reproduction : au moyen dequoi ces organes ayant toutes les mefures & les dimenfions néceſſaires pour préparer les
principes en quantités & qualités convenables dans l'agent ré-
générateur, celui-ci ne fait que le dépoſer dans l'*Uterus* de fon
genre créé uniquement pour couver & faire éclore l'embrion :
ainfi l'un & l'autre de ces agens ne font que des inftrumens aveu-
gles qui n'ont d'autre part à l'ouvrage, que de fuivre le mouvement déterminé par l'ouvrier fuprême ; ce font fes paroles in-
variables, (*croiſſez & multipliez chacun felon votre efpece*) & l'éter-
nelle difpofition des principes & du feu, qui operent feules,
telle, ou telle conformation : Donc que le mâle & la femelle
ne concourent à l'édifice de leurs femblables que comme un
moule artiftement formé pour rendre la matiere qu'on y jette
entierement femblable au modele imaginé, & à la qualité &
quantité choifies & fixées par l'Artifte.

Tout ce qui eſt en haut, felon Hermes *eſt femblable à ce qui eſt
en bas.* Il y a une correfpondance mutuelle, perpétuelle & ref-
pective entre tous les corps contenus dans la fphere du monde ;

3

ils se communiquent leurs émanations : l'air en est le réceptable, le communicateur commun & le feu, l'agent général.

Les Philosophes qualifient l'homme de Michroscome par le rapport qu'il a avec l'univers, qu'ils appellent Machroscome : En effet dans l'un comme dans l'autre, toutes les parties qui en dépendent ont des relations réglées, intimes & continues ; sans quoi ils ne pourroient subsister.

L'Abdomen est comparée au globe terrestre, c'est-là où s'opere la putréfaction & la régénération ; c'est-là où est la source nutritive, la chaleur centrale, qui se répand dans toute la circonference de l'individu par un nombre infini de conduits & de fibres jusqu'à la superficie, d'où le superflu s'éleve en insensible transpiration qui forme notre atmosphere.

Le Torax est assimilé aux régions des Planetes ; le cœur est au centre du Michroscome, comme le Soleil est à celui du Monde : C'est du cœur toujours en mouvement que part le feu Etheré, qui donne la vie & l'activité ; il reçoit ce feu de l'air, par l'interposition des poulmons où il entre par la Trachée-artere.

La tête est la troisiéme division de l'homme, c'est le siege de l'ame où se dirigent la reflexion, la pensée, la mémoire, le jugement, & l'action : Elle contient des parties connuës, & d'autres impenetrables à la sagacité des plus profonds Anatomistes : Les Philosophes considerent ces dernieres parties comme le Ciel empiré, où l'on découvre le Firmament sans y rien comprendre. L'on adore ce qui est au-delà, sans pouvoir s'en faire un image ; nous le connoissons néanmoins par sentiment inné, par révelation, par ses œuvres, qui surpassent toute conception humaine, & par ses graces dont toutes les créatures sont perpétuellement comblées.

Si l'on examine par l'analise la constitution des trois regnes, *animal*, *vegetal*, & *Mineral* ; l'on trouve qu'ils contiennent uniformement du *sel*, du *souphre*, du *Mercure*, de la *terre* & de *l'eau* ; & que la differente combinaison de leur mélange, de

leur proportion & de leur cuisson , produit les differentes cou-
leurs , faveurs , folidités & moleffes , en un mot la varieté de
leur contexture & de leur vertu ; L'on trouve encore par l'ana-
life que l'eau contient le feu , l'air & la terre. La terre , le feu
l'eau & l'air ; Le feu , l'air , la terre & l'eau ; L'air le feu , l'eau
& la terre.

Toutes génerations s'operent par la putrefaction , la putrefaction change la forme & produit un cahos ; Alors par une
fuite des Loix impofées au premier jour par le Verbe , la lu-
miere fe fepare des ténébres ; chaque principe divifé dans la
contexture des individus , fe réunit : Le fel incorruptible ren-
ferme dans fa ficcité le feu de nature fous la forme de foulphre ,
& l'air fous celle de Mercure.

Le furplus n'eft que terre & eau mêlées d'impureté que le
feu abforbe , ce qui refte & que les Artiftes appellent fœces ,
eft refervé à quelques autres productions.

Tel eft le refultat de la putréfaction de tous les mixtes , c'eft
également le dernier terme de leur exiftence, & le premier de-
gré de leur conformation.

Les principes actifs ont pour origine les influences céleftes ,
qui penetrent la terre où elles acquierent la qualité élementai-
re ; & c'eft par cette raifon que confonduès & incorporées dans
tous les mixtes , il y a entr'eux une correfpondance intime.

La Phyfique Scholaftique nie les influences , parce qu'elle
ignore la nature de leur aiman ; elle nie pareillement le rapport des Planettes avec les métaux dont elle ne connoît pas la
compofition ; elle voit fans en comprendre la caufe , que l'aiman attire le fer ; elle le croit fans porter fes idées & fes recher-
ches plus loin : elle affirme même qu'il n'eft pas poffible de trouver les aimans des autres metaux & des mineraux. La raifon de
cela eft qu'elle s'en rapporte à l'écorce , & qu'elle foumet tout
au calcul plutôt que de s'appliquer à confulter la nature par
l'analyfe.

Si l'Ecole opere fur les Metaux , elle les déchire par des cor-
rofifs qui en rendent l'effet inutile , ou dangereux.

Elle nie qu'il y ait une matiere & un diffolvant univerfel.

Nevvton , dont le fyftéme eft la folie épidémique du fiecle ,
a parlé d'attraction chimique fans la comprendre.

Il prétend , ainfi que fes fectateurs , qu'il y a deux fortes d'at-
tractions. *

L'une qui fuit le rapport du quarré , de la diftance inverfe.

L'autre augmente , comme le Cube de la diftance diminuée.

Voila un éblouiffant galimatias pour un Syftématique fi van-
té , qualifie de *Philofophe* , *d'homme divin.* Qu'il foit parfait Géo-
metre , grand Aftronôme , j'y confens ; mais pour Philofophe ,
je le nie : il n'a jamais , non plus que Defcartes , connu la nature.

Les Philofophes connoiffent & prouvent l'attraction produite
par la Magnefie & la matiere de même genre ; c'eft une fuite de
la tendance naturelle qu'ont les mêmes principes à s'unir.

Newton prétend une attraction univerfelle , & que la terre
attire indiftinctement vers fon centre , tout ce qui eft fur fa furface , felon les rapports du quarre & du Cube ci-deffus expliqués.

Les Philofophes affirment au contraire que la terre & tous
les corps folides de l'univers nagent dans l'air qui les foutient en
raifon de fon étendue , & du poids de leurs maffes refpectives.
Ainfi la terre , par exemple , eft puiffament preffée de toute part.
Il eft prouvé par plufieurs experiences ** que cette preffion di-
recte d'un poids relatif à la maffe & à l'étendue , influe fur un
folide de fix pieds , de près de quarante milliers : ainfi un homme couché ou de bout , occupant fur la furface du Globe en-
viron fix pieds cubes , les quarante milliers qui pefent fur lui ,
ou qui le preffent de toutes parts l'écraferoient fi ce poids d'air
n'étoit contre-balancé par la portion élaftique de cet air qui

* Mercure de France , Janvier 1748. P

** Borelli Nevventi &c.

reſide en lui : Les pierres du ſole d'une tour fort élevée ſeroient pulvériſées par le poids immenſe de celles qu'elles ſoutiennent ſans un ſemblable empêchement.

Si la terre attiroit vers ſon centre tous les corps indifferament, il s'enſuivroit que les principes qu'elle contient dans ſon ſein ne pourroient s'élever à la ſuperficie ; que tous les Vegetaux qui la décorent, qui s'alimentent de ce qu'elle tranſpire , & s'élevent juſqu'à l'extrémité des branches des Vegetaux , ne pourroient porter la vie & la fécondité aux plantes , elles ne tranſpireroient pas ; & chaque corps céleſtes ayant une ſemblable attraction centrale , ne pourroient repandre comme ils font dans l'air, leurs émanations ; ils ſeroient privez d'une correſpondance mutuelle : ce qui eſt entierement contraire à la conſtitution , d'un tout dont toutes les parties doivent néceſſairement être continues & communicatives, demême que dans les êtres particuliers qui en ſont l'image : dans l'animal , ce ſont des matieres ſolides, le ſang , la lymphe , &c. qui en ſont la liaiſon ; le feu de nature , donne le mouvement , & opere la circulation , la nutrition , & enfin l'inſenſible tranſpiration par impulſion.

De ces obſervations il ſuit , 1°. Qu'il y a attraction des principes de même genre. 2°. Impulſion réciproque de tous les corps. 3°. Qu'il n'y a point de vuide , & que les eſpaces ſont remplies d'air ou d'autres fluides qui permettent le libre paſſage aux émanations , aux matieres ſubtiles & à toutes les vertus ſéparées du cahos.

L'école voit tous les jours avec indifférence ces vérités briller à ſes yeux , elle découvre par les expériences de l'Abbé Nolet *l'attraction* & la *répulſion*, & que la matiere qui s'échape du globe de l'électricité par des lignes divergentes, eſt auſſi-tôt remplacée par des lignes convergentes ; & que cette matiere ſe communique aux perſonnes électriſées par impulſion , & non par attraction, ce qui prouve en même tems qu'il n'y a pas de vuide, *

---

* Voyez le Mercure ſur l'Electricité ; Mercure de Juillet 1747.

L'Ecole sçait, par exemple, que l'écume ou foëce du salpêtre attire le nitre & non le mercure, elle n'en conclut rien au-delà.

Elle apperçoit la transformation admirable des Vers à soye & des Chenilles en Papillon & une infinité de circonstances concluantes relatives à ce seul objet, elle en méprise l'examen philosophique, & les conséquences infinies qui en résultent.

Elle voit une pierre végétale qui sort en tige comme une tête de Choux-fleur : * Elle sçait qu'il y a de certains champignons sauvages qui produisent des Insectes: Elle découvre qu'une plante aquatique est en même tems un animal vivant qui malgré la division que l'on en fait, loin de cesser d'exister, chaque parcelle reproduit des êtres amphibies semblables à celui que l'on a divisé ; & elle se contente de voir, d'admirer, sans prendre la peine de réfléchir & de remonter à la cause de ces prodiges, parce qu'ils n'ont pas de rapport au calcul.

Elle lira avec la même indifférence dans l'Histoire générale des Voyages, la Plante de l'Isle de Sombrero sans se douter même que les coraux ont une même origine.

Or, tous les mixtes quelconques n'étant composez que de cinq principes, il suit que leur varieté de genre, de forme & de vertu ne procede, comme il est ci-devant démontré, que de la differente conformation des organes & de la quantité & qualité de la matiere dirigée par l'Esprit universel selon le dessein permanent du Verbe. Donc il n'est pas surprenant que la nature se joüe à former des Hermafrodites, des Amphibies, des Animaux qui deviennent plantes & mineraux, & des plantes qui deviennent animaux & mineraux.

Il n'est pas nouveau de voir les cendres d'un chêne, par exemple, produire un sel blanc devenir vitriol, & se convertir en cuivre par l'élaboration. De voir sortir du sein de ce même sel, un souphre principe, & de trouver dans ce souphre un es-

* Hstoire univerfelle des Voyages tom. 7. page 140.

prit capable de concourir à quelque tranſmutation ſuperieure.

Les animaux ſe nourriſſent de la chair d'autres animaux, de racines, de legumes & de fruits produits également des cinq principes : après la maceration, la trituration, la putrefaction, la digeſtion, la filtration, & la cohobation ; toutes ces choſes deviennent ſang, & ce ſang ſe convertit en lymphe, en chair, en nerf, en os, &c.

Les vegetaux reçoivent par leurs racines, ſemblable nourriture, ſous une autre forme appellée ſève qui contient les mêmes principes que le ſang des animaux. Les filtres par leſquels cette ſève coule juſques aux ſommitez, ſont des moules qui n'admettent que la proportion des particules homogenes à l'agent génerateur. Tout le monde ſçait que ſi l'on applique ſur un ſauvageon ou ſur tel arbre que ce ſoit une greffe d'une autre eſpece, que la racine & la tige de ceux-ci conſervent toujours leur premiere nature, juſqu'à la greffe excluſivement. Mais que les branches, les fleurs, les feuilles, les fruits & les graines qui en naiſſent, produiſent la même eſpece, dont cette greffe a été extraite. C'eſt donc la contexture du moule, la proportion des principes & de la matiere qui determinent la forme, le goût, l'odeur, la couleur, la fermeté ou la moleſſe des productions vegetatives ; comme les mêmes principes & leurs proportions relatives, conſtituent les animaux, les mineraux, & les metaux.

Pour donner à ces veritez la derniere évidence, il faut penetrer plus particulierement dans l'interieur de la nature, la voir operer & examiner ſes inſtruments : ce ſera la matiere de la premiere lettre que j'aurai l'honneur de vous écrire, celle-ci étant déja trop longue, je la termine.

Je ſuis avec les tendres ſentimens & le parfait attachement que vous me connoiſſez, Madame, Votre, &c.

SECONDE

SECONDE LETTRE

SUR LE MESME SUJET.

PAr ma précedente lettre, Madame : je vous ai démontré que tous les Etres font uniformement compofez des mêmes principes : il me refte à vous prouver de quelle maniere la na-ture les met en œuvre, & quels font les inftrumens dont elle fe fert.

La lecture reflechie que vous avez faite du célebre Wincelow & du Commentateur d'Heifter, jointe aux Démonftrations Anatomiques que vous avez fuivie fur les fujets injectés ou par-faitement imités en cire, vous ont donné les premieres notions du corps humain. Les traités du fçavant Lefevre, & du fublime Fabres, que vous avez étudié, & les Analyfes Chimiques auf-quels vous vous appliqués avec fuccés : toutes ces hautes con-noiffances & votre fagacité, vous mettent en état de penetrer jufqu'au fanctuaire de la mere commune, qui n'aura plus rien de caché pour vous.

Vous fçavez qu'il y a plufieurs fyftêmes imaginez fur la ge-nération des hommes, que ceux qui les ont propofez fe trou-vent d'opinions contraires. Je vais rapporter ici en bref, le pré-cis de chacun.

Le premier fuppofe que la matiere feminiale eft un extrait de toutes les parties du mâle & de la femelle, qui lors de l'accou-plement, étant dépofé dans l'*Uterus*, s'y arrange felon l'œcono-

B

mie qu'elles avoient dans les deux individus coagiſſans, & que c'eſt ainſi que ſe forme un embrion.

Le ſecond prétend que la matiere maſculine dépoſée dans l'*u_terus* y fermente, que la chaleur & le mouvement en differens ſens, organiſent le ſujet ; il ſuppoſe encore que dans cette matiere reſide un feu central qui forme d'abord le cœur, & enſuite toutes les parties de l'animal.

Le troiſieme attribue, le miracle de la generation à une ver-tu plaſtique, expreſſion vague, dont ceux qui s'en ſervent, ne peuvent donner la définition.

Le quatrieme, qui eſt le plus accrédité de nos jours, veut que l'animal formé par le mâle, ſoit porté dans l'Ovaire de la femelle.

Dodart, qui a préconiſé cette derniere opinion, ſoutient, que cet animal paſſe de l'*uterus* par les trompes de falope, & qu'il ſe plonge dans l'un des œufs ; que la Pellicule de cet œuf lui ſert d'enveloppe, qu'après s'être repû de la ſubſtance de cet œuf, qui prend la forme d'une groſeille ; il eſt enlevé par les franges de la trompe le long de laquelle il paſſe pour rentrer dans l'*uterus* où il jette ſes racines, & s'accroit juſqu'aux termes. Il ajoute, qu'aidé par un mycroſcope, il a vû dans la matiere ſeminale des eſpeces de vers de figures hydeuſes, & il aſſure que c'eſt l'un d'eux qui paſſe de l'Uterus à l'Ovaire & revenant enſuite dans l'Uterus, forme une Créature ſemblable à l'être dont il procede.

Les Ovairiſtes ſe fortifient dans cette opinion ſur quelque accident très-rare de fœtus qui ſe ſont développés dans les trompes de falope, où ils ſubſiſtent pendant deux ou trois mois ; Mais, comme la contexture de ces trompes n'eſt pas ſemblable à celle de l'*Uterus* qui peut ſe dilater conſidérablement, elles ſe déchirent & la mere & l'enfant périſſent.

Or ces cas extraordinaires ne prouvent pas l'exiſtence des vers , ni des œufs , ni qu'ils puiſſent remonter dans la trompe ils prouvent au contraire , que par une conformation monſ-trueuſe du fonds de *l'uterus* , les principes maſculins portés juſ-qu'à l'une des trompes , n'ont pas beſoin n'y d'œufs , ni de vers , ni de l'organiſation particuliere de la matrice pour produire un embrion , mais ſeulement d'un lieu chaud & humide de mê-me nature , où les vaiſſeaux ſanguins puiſſent s'anaſtomoſer ; & d'une matiere nutritive , homogene à ces principes maſcu-lins , toujours meſurés & déterminés par les moules , ou les couloirs d'où ils s'échapent.

J'ajouterai , que tout le méchaniſme imaginé par les Ovai-riſtes ne s'accordent pas avec la ſimplicité & l'uniformité des operations de la nature , & qu'il eſt démenti par le fait , d'autant qu'en moins de huit jours après la copulation , le fetus ſe trou-ve tout formé dans *l'uterus* , & le premier fondement de ſa com-munication ſanguine , établi.

Reflechiſſant ſur ces differens ſyſtêmes , il me ſemble voir ceux qui les ont imaginé dans le centre du labyrinthe , chercher differentes routes pour en ſortir ; mais qui n'ayant pas comme Theſée le fil d'Ariane , ne peuvent échapper au monſtre qui les détruit.

Les Philoſophes munis de ce fil ne s'en rapportent pas à l'ap-parence occulte des formes , ils remontent à l'examen des prin-cipes ; c'eſt ainſi , qu'éclairés par les preceptes de leurs doctes Maîtres , avec le ſecours de l'analiſe , ils ſuivent la nature pas à pas dans ſes differentes routes , & découvrent ſes plus ſecrets myſteres.

Par ma précedente lettre , je vous ai fait obſerver , que la pu-trefaction étoit le premier dégré de la génération , & le dernier terme de l'exiſtence des formes ; en effet , ſi l'on met des œufs frais , ou fur un atanor, ou fur une poule , ou dans les fours du Caire , pour les faire couver ; en peu de jours ils fe corrompent ; la chaleur externe met en mouvement le feu interne renfermé dans les œufs ; alors par l'action de ce mouvement chaque particules des principes mâles qui étoient divifées dans la matiere paffive procedant de la poule , fe réuniffent , & comme les principes actifs & paffifs ont été préparés par les organes dont ils procedent , chaque œuf ne contient précifément d'une part , que les portions formatrices mefurées dans certains corps glanduleux & reticulaires que l'on ôte au Cocq pour en faire un chapon. Et d'autre part , une matiere paffive que la femelle comme la terre , à l'égard du grain; y ajoute. Chaque particule du principe actif s'arrange felon le même ordre qu'elle avoit dans l'agent au moment de la convulfion voluptueufe qui affecte généralement l'œconomie de fon individu , & tient comme en fufpend toutes ces facultés.

A l'égard de la difference du fexe dans la progeniture , elle varie felon la difpofition de la matrice plus ou moins humide ; car l'humidité attenue une partie de l'activité du principe générateur réfidant uniquement dans le fouphre mafculin. J'en expliquerai ailleurs la caufe. J'obferverai feulement ici , que les œufs qui n'ont pas été vivifiés par les principes actifs , n'étant compofés que de parties paffives & froides , ne forment pas d'animaux du genre de la poule qui les a produit fans le concours du Cocq , & qu'il ne peut réfulter de leur putréfaction que des vers de même nature de ceux que l'on voit fourmiller dans les matieres corrompues , lefquels ne font ni mâles ni femelles , & qui n'ont point la faculté de fe reproduire.

Ce que je viens d'expliquer fur les générations du Cocq , eft commun avec toutes fortes de volatilles ; le bon efprit fent l'application qu'il peut en faire à l'espece humaine , & à tous les autres animaux. Examinons à present si cela ne convient pas au genre vegetal : après quoi je tâcherai de prouver évidament comment s'opere la formation des gémeaux parfaits ou monstrueux.

Quoique vous n'ignoriez pas, Madame, l'Anatomie des Plantes , je crois qu'il convient d'en rapporter ici les principales notions.

Dans le nombre infini de differens vegetaux, il y en a qui font mâles , & d'autres femelles féparément , d'autres enfin qui font hermafrodites.

Dans cette derniere claffe, les uns font de deux natures dans le même lieu , tels que les pêchers , les pruniers , les poids , &c.

Dans les autres, les inftrumens du mâle font dedans un lieu , ceux de la femelle dans un autre ; mais fur le même pied ; tels font les noyers , le noifetier , le bled de Turquie , les melons , les citrouilles , &c.

Et dans la premiere claffe , les mâles font fur un pied , & les femelles fur un autre ; tels font les dattiers , les ormes , le chanvre , &c.

Les inftrumens de la génération du mâle font des filets appellés étamines qui s'élevent du fonds de la fleur , à fa fuperficie : ceux de la femelle confiftent en un piftile , il eft cilindrique, perpendiculaire au calice , fon extrémité fuperieure eft déterminée en forme de trompe , & l'inferieure répond à l'*uterus* qui eft au fonds du calice.

Dans les vegetaux qui ont la partie mâle féparée de la femelle, c'eft l'air agité qui enleve la poudrette , & qui la porte fur la femelle pour la rendre féconde.

Les efpeces qui produifent plufieurs fruits dans la même coffe , comme les pois, les lentilles, &c. ont différentes cellules & un colidor qui conduit à toutes; la poudrette, s'y diftribue également. Dans plufieurs animaux il y a même difpofition de cellules & de colidor où fe porte la matiere génerative, tels font les Truyes, les chates, les chiennes, &c.

Si les piftiles font détruits par la gelée, ou que les pluyes enlevent la poudrette des étamines; il ne fe fait aucune production, c'eft ce qu'on appelle coulure.

C'eft au Mefantere de l'animal où fe fait la féparation du pur, de l'impur dépofé dans les inteftins; c'eft par les filtrations dans les glandes que les alimens fe convertiffent en chile, que le chile porté par le canal torachique, & la veine foufclaviere dans le cœur, y devient fang: enfin c'eft par une continuelle circulation & d'épuration des hétérogenités, qu'il fe convertit en chair, en nerf, en os, en lymphe, en efprit, &c.

Le même méchanifme s'opere dans les végétaux, les racines de la plante & leur union à la tige, tient lieu d'inteftins & de mefantere, qui fepare le flegme & les terreftreitez: ce font enfuite les fibres ligneufes, & les nœuds de la plante qui font l'office des vaiffeaux & des glandes, qui filtrent & purifient parfaitement la feve: le plus terreftre fe répand à la circonférence pour nourrir & augmenter le bois & l'écorce: les principes ainfi élaborés pénetrent dans les cellules organifées appellées *yeux*, qui font difpofez le long de la tige & des branches, leur contexture eft proprement le moule où les principes qui y entrent en quantités proportionnées, operent la réproduction d'un Etre entierement femblable: c'eft dans ce lieu où fe forme un bouton qui eft long-tems à fe perfectionner pour jetter au-dehors la fleur, le fruit, & tous les inftrumens néceffaires à cette réproduction: c'eft-là d'où fe tire la greffe que l'on tranfporte fur un fauvageon, ou fur un autre arbre d'une nature différente, & qui à raifon de cette greffe & de la nouvelle forme d'un moule étranger à fon efpece, change entierement fa conftitution, parce que la contexture de ce moule n'admet que les quantités & les qualitez néceffaires & proportionnées à cette efpece.

Lorfque les fleurs font épanouies, la poudrette qui eft la vraie femence mafculine compofée de principes actifs, s'exalte fous la forme de fouphre par le fommet des éguilles ou étamines qui s'impreignent des émanations du foleil, & devient un feu corporifié.

D'un autre côté le piftile mis en mouvement, va, fi j'ofe ainfi m'exprimer, au-devant de cette poudrette, il la reçoit par fa trompe, & dans l'inftant l'écoulement s'en fait jufqu'au fond de l'*Uterus*, une feule particule fuffit; alors il fe fait une fermentation laquelle developpe & réunit les principes qui forment l'efquife de la parfaite copie de l'original, c'eft-à-dire, le fruit & la graine où réfide une plante femblable à celle dont procede l'embrion.

Quoique la poudrette des étamines & la liqueur qui réfide dans l'*Uterus*, fortent de la même racine, elles ont néanmoins des qualitez differentes.

La poudrette eft un compofé de principes actifs purifiés & exaltez : c'eft un feu vivifiant de la nature du foleil.

La matiere feminine eft une huile digerée, elle abonde en mercure, elle eft renfermée dans l'*Uterus* placé au fond du calice; elle ne reçoit pas directement les émanations folaires; fa nature eft froide : l'*Uterus* des fleurs ne fert donc qu'à couver l'embrion & à lui communiquer la premiere nourriture homogene jufqu'à ce qu'il foit éclos; après quoi la queue du fruit noué, femblable à l'onbilique des animaux, reçoit une fubftance plus folide que lui fourniffent les branches, le tronc & les racines; le flambeau

du monde cuit & perfeſtionne la confiſtance du nouvel être &
le met en état par les pépins & les noyaux, qui ſont le but de
ces apareils, de reproduire des eſpeces ſemblables à leur origine.

Les yeux des tiges & des branches des végétaux où ſe forment
les boutons ſont donc véritablement des moules qui caractériſent
les fleurs, le fruit, les feuilles & les branches ; ces moules ont
néceſſairement été tracés au premier jour par le Verbe, & leurs
contextures deſignées & placées dans le premier de chaque être
pour n'admettre que les quantitez & les qualitez des principes
néceſſaires à leur dévelopement & à leur forme invariable ; ſans
quoi il naîtroit plus de monſtres que de créatures parfaites &
ſemblables à leurs origines. La greffe appliquée ſur une tige
differente & qui détermine cette tige à prendre une forme
qui lui eſt étrangere, en eſt une preuve irrévocable.

Il arrive dans les loix générales de phénomenes qui éton-
nent : ils ſont occaſionnez par l'écoulement des principes multipliez ; accelerez, ou ſuſpendus par certaines circonſtances relatives 1°. au ſole, au climat, à la température de l'air, 2°. au
méchaniſme particulier du dépôt de ces principes.

Si le lieu où eſt planté, ou ſemé le végétal, eſt humide : ou
que la ſaiſon lors du dévelopement de la fleur & de la croiſſance
du fruit, ſoit perpétuellement pluvieuſe ; lefeu de nature ſurmonté
par un excès d'aquoſité, perd ſon activité : ſi le ſoleil eſt con-
tinuellement voilé par des nuages, l'inſenſible tranſpiration de
la plante eſt interceptée, conſéquemment les principes étant ſur-
montez d'hétérogenitez, la production devient cacochine, la
ſeule partie ligneuſe profitera : mais ſi les ſaiſons ſont bien réglées, que la plante ſoit dans une juſte température ; la génération ſe fera dans l'ordre, & plus le ſole eſt près de l'équateur,

plus les principes font actifs, & ce qui en refulte parfait, exquis & précieux.

Lorfque les fleurs font parvenues à leur parfait dévelopement, l'hymen difpofe l'époux & l'époufe aux tendres embraffemens ; une portion de la poudrette des étamines fe repand fur la trompe du piftile, & defcend le long du tube dans l'*Uterus* où elle entre auffi-tôt en fermentation. Si par une difpofition particuliere, une autre portion qui a une égale integrité que la premiere, lui fuccede ; elle s'y joint ; & ces deux portions fucceffivement déterminées, produifent un feul fruit, mais ces parties font doubles.

On peut conclure la même chofe à l'égard du genre animal dans l'efpece où l'U*terus* eft fimple comme dans la femme, la cavale, la vache, &c. Si par une conformation particuliere de ce lieu de dépôt, les refforts de l'orifice ne fe rétabliffent pas auffi-tôt après la premiere introduction d'une portion de principes actif, qu'un fecond écoulement fuccede, avant que la fermentation de cette premiere portion ait été parfaite, & que la pellicule, ou l'envelope foit capable de réfiftence ; les deux portions fe confondent & produifent un monftre compofé de deux corps incruftés, qui n'en font qu'un ; ou un tronc commun avec les têtes, les bras, les cuiffes & les pieds féparés bien conformés ; ou encore deux corps joints, ou par le dos, ou par le ventre, ou par les flancs : * &c. Ces différences procédent du plus ou du moins de diftance de l'entrée des deux portions de principes & de l'état où é oit la fermentation de la premiere, à l'approche de la feconde : mais fi d'une fermentation à l'autre, il y a eu une diftance fuffifante pour que l'envelope de la premiere ait acquife une confiftence capable de réfifter & d'empêcher que la portion fubféquente ne s'uniffe à la premiere ; il en réfulte deux Jumeaux parfaits.

* L'hiftoire de l'Académie des Sciences fait mention de plufieurs monftres femblables.

Chaque envelope devient placenta particulier de chacun. Le reste du méchanisme pour la nutrition du fetus est très-bien expliqué par les Anatomistes.

J'ai ci-devant fait connoître les formes du colidor de l'*Uterus* multiplées, des animaux & des végétaux qui produisent dans une seule portée plusieurs Etres de leur espece,

La décence, Madame, jette quelque obscurité dans ma démonstration ; mais un génie aussi transcendant que le votre suppléera aisément à ma retenue.

Il me reste à expliquer la formation des Etres simples & mixtes. J'en ferai la matiere de la premiere Lettre que j'aurai l'honneur de vous écrire.

Je suis, Madame, avec le plus tendre attachement, Votre,

www.ingramcontent.com/pod-product-compliance
Lightning Source LLC
LaVergne TN
LVHW021746030726
842523LV00003B/940